鲸的博物馆

——走近神秘莫测的海洋巨兽

[西]雷娜·奥尔特加/著

邵巍/译

清华大学出版社

北京

什么是鲸？

鲸是有史以来最大的生物之一。比如蓝鲸，被认为是现今世界上体型最大的动物。

尽管已经适应在水下生活，但是鲸仍然保留了陆地哺乳动物的特征。它需要用肺呼吸，幼鲸需要母乳喂养。你知道吗？在数百万年前，鲸的祖先是在陆地上行走的有足动物。

鲸是出色的语言交流者，拥有敏锐的声呐系统，能利用回声定位，通过发出声波信号来觅食和通信。

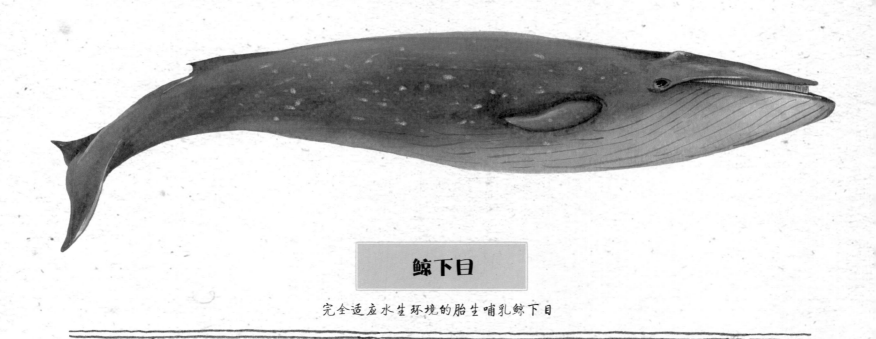

鲸下目

完全适应水生环境的胎生哺乳鲸下目

古鲸小目	须鲸小目	齿鲸小目
	须鲸	**齿鲸**
	露脊鲸科	海豚科
	须鲸科	亚河豚科
	灰鲸科	独角鲸科
	小露脊鲸科	喙鲸科
		鼠海豚科
		小抹香鲸科
		抹香鲸科
		恒河豚科
		拉河豚科

须鲸

界：动物界
门：脊索动物门
亚门：脊椎动物亚门
纲：哺乳纲
目：偶蹄目
亚目：河马形亚目
下目：鲸下目
小目：须鲸小目

　　须鲸是食肉的海洋哺乳动物，分布很广，种类多样。它没有牙齿，只有鲸须。尽管它可以在很多地方生活，但是绝大多数须鲸还是选择在寒冷和极地水域觅食。须鲸的前肢演变成了鳍，游动时很像翅膀。须鲸在游动时，不同部位的鱼鳍动作连续协调。尾鳍垂直运动可以使身体向前行进，而背鳍则可以保持身体平衡。

露脊鲸科

南露脊鲸

弓头鲸

须鲸科

长须鲸

座头鲸

灰鲸科

灰鲸

小露脊鲸科

小露脊鲸

齿鲸

界：动物界
门：脊索动物门
亚门：脊椎动物亚门
纲：哺乳纲
目：偶蹄目
亚目：河马形亚目
下目：鲸下目
小目：齿鲸小目

海豚科

海豚和虎鲸

亚河豚科

河豚

独角鲸科

白鲸

独角鲸

　　齿鲸没有鲸须，只有牙齿。有些鲸的牙齿数量很多，但是有些鲸的牙齿退化成仅剩一对，比如喙鲸。齿鲸只长了一个呼吸孔，用于呼吸。它的前额凸出，用于回声定位。齿鲸都是食肉动物。

喙鲸科

喙鲸

鼠海豚科

鼠海豚

小抹香鲸科

小抹香鲸

抹香鲸科

抹香鲸

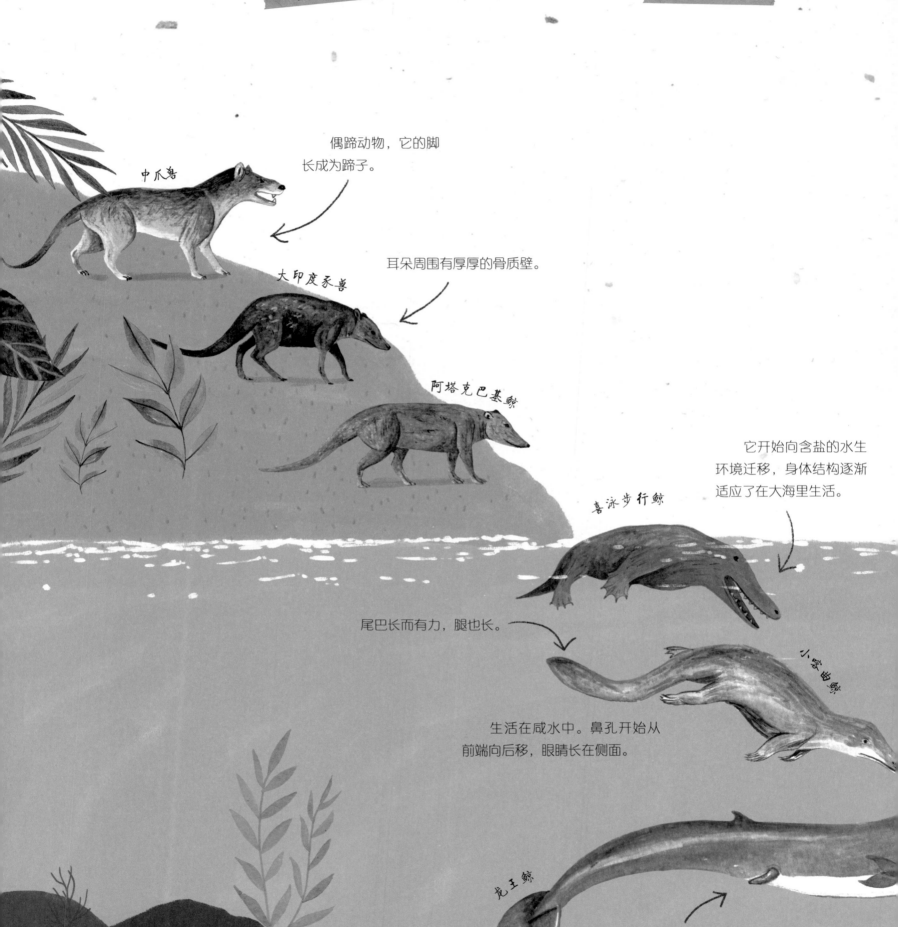

古新世   **始新世**

中爪兽

偶蹄动物，它的脚长成为蹄子。

大印度豕兽

耳朵周围有厚厚的骨质壁。

阿塔克巴基鲸

它开始向含盐的水生环境迁移，身体结构逐渐适应了在大海里生活。

喜泳步行鲸

尾巴长而有力，腿也长。

小露脊鲸

生活在咸水中。鼻孔开始从前端向后移，眼睛长在侧面。

龙王鲸

尾巴变得更适宜在水中游动。后腿开始缩短。

进化

最早的鲸是大约5000多万年前由陆地哺乳动物进化而来的。人类发现的化石表明，鲸在陆地上用于跑动的后肢慢慢变短，使它更适应水下的生活，游得更快。

河马和鲸是亲戚，它们有共同的祖先。它们都是偶蹄动物，都有水生动物的特征，比如几乎没有毛，也没有皮脂腺。

河马

后腿完全消失。

须鲸用鲸须过滤食物。

身体开始变长，牙齿仍然存在。

鼻孔移到了头的后部。

齿鲸用牙齿咀嚼甲壳类动物、鱿鱼等。

牙齿鲸

回声定位系统出现了，用于水下定位和猎食。鼻孔完全移至头顶。

3

须鲸

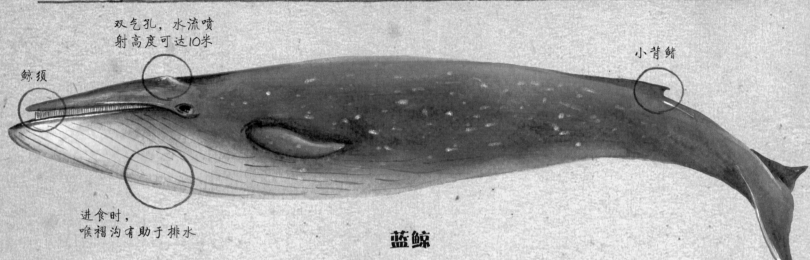

双气孔，水流喷射高度可达10米

鲸须

小背鳍

进食时，喉褶沟有助于排水

蓝鲸

蓝鲸成年后重量可以超过150吨，长度可达30多米！和其他的须鲸一样，蓝鲸主要以浮游生物和磷虾为食，通过鲸须进行过滤。

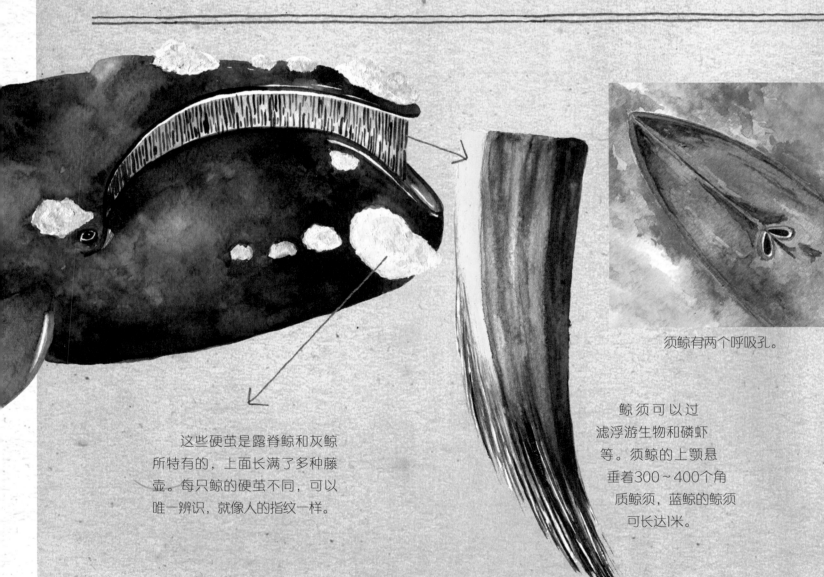

这些硬茧是露脊鲸和灰鲸所特有的，上面长满了多种藤壶。每只鲸的硬茧不同，可以唯一辨识，就像人的指纹一样。

须鲸有两个呼吸孔。

鲸须可以过滤浮游生物和磷虾等。须鲸的上颚悬垂着300～400个角质鲸须，蓝鲸的鲸须可长达1米。

齿鲸

呼吸孔在左侧

巨大的桶形头

三角或圆形突起

齿鲸用牙齿进食。食物包括鱼类、甲壳类动物，甚至巨大的鱿鱼。

抹香鲸

抹香鲸是世界上个头最大的齿鲸。它的大脑在动物界中是最大的，可以重达8千克，与身体相比，有些不成比例。它可以潜到水下很深的地方，最深可达2000多米。抹香鲸的叫声惊人，在水下，声音也可以高达230分贝。抹香鲸的身体总是伤痕累累，那是和巨型鱿鱼争斗造成的，这些大家伙是它赖以生存的食物。

抹香鲸只有下颌长有牙齿，牙齿很大，一颗牙的重量将近1千克。

和海豚一样，齿鲸只有一个呼吸孔。

独角鲸主要分布在北极水域接近冰盖的地方。雄性独角鲸的牙齿外露，可以长达3米。

5

须鲸小目

1.弓头鲸（18米，100吨）　　2.南露脊鲸（15米，40吨）

3.灰鲸（12米，20吨）　　　　4.长须鲸（25米，70吨）

5.蓝鲸（33米，170吨）　　　　6.小须鲸（8米，10吨）

7.座头鲸（16米，36吨）　　　　8.塞鲸（20米，45吨）

齿鲸小目

9. 白鲸（5.5米，1.6吨）

10. 抹香鲸（20.5米，50吨）

11. 独角鲸（4.5米，1.6吨）

12. 赫氏矮海豚（1.6米，60千克）

13. 柏氏中喙鲸（4.6米，1吨）

14. 柯氏喙鲸（6.4米，3吨）

15. 小头鼠海豚（1.5米，50千克）

16. 领航鲸（7.2米，3.2吨）

17. 鼠海豚（1.5米，53千克）

18. 虎鲸（8米，5.4吨）

迁徙路线

鲸的迁徙主要有两个目的：夏季到冷水区域觅食，冬季到温水区域繁殖。图中，觅食地区用黄色圆点标记，繁殖地区用粉红色圆点标记。你可以沿着这些路线，了解它们的长途旅行。没有人知道它们怎么会认识这些迁徙路线。也许它们像候鸟迁徙一样利用地球的磁场定向，并通过皮肤感知水温的变化。

西海岸

座头鲸

深海区

抹香鲸

繁殖地区

觅食地区

---- 超过8000千米的迁徙路线

北极地区

独角鲸

白鲸

虎鲸

东海岸

灰鲸

礁石区

南极

南露脊鲸

长途迁徙

冬季，鲸通常会到温水区域。例如，成千上万的座头鲸会前往南太平洋的汤加，这是一个由大约170个岛屿组成的群岛，其中只有30多个岛屿有人居住。座头鲸会在那里长大并生育下一代。

它们会在这些水域交配，交配期长达4～8个月。在这期间座头鲸不会进食任何东西，即使在长途迁徙时也是如此。它们靠体内储存的脂肪生存。

夏季，阿拉斯加西南部水域食物丰沛。鲸长途跋涉来到这里是值得的！

座头鲸从夏威夷游到阿拉斯加，大概需要30天的时间。

它们身体虚弱、饥肠辘辘，到了冷水区域，马上就开始觅食。在最初的几个星期里，它们没日没夜地进食，每天可吃多达1吨的鱼和磷虾。

到达食物丰沛的区域之后，母鲸会逐渐给幼鲸断奶，幼鲸通过模仿母鲸来学习如何猎食。

座头鲸为什么要长途迁徙？

为什么座头鲸不长期待在食物丰富的冷水区域，或是温暖舒适的温水区域？原来，它们需要通过迁徙来保存能量。冬天，两极的水太冷了，如果它们继续待在那里，会消耗大量的能量，所以要迁徙到温水区域过冬；夏天，它们则返回原地寻找食物。

另外，幼鲸还没有长出足够厚的脂肪层，无法在寒冷的水中过冬。发育健康的幼鲸长有约15厘米厚的脂肪层。

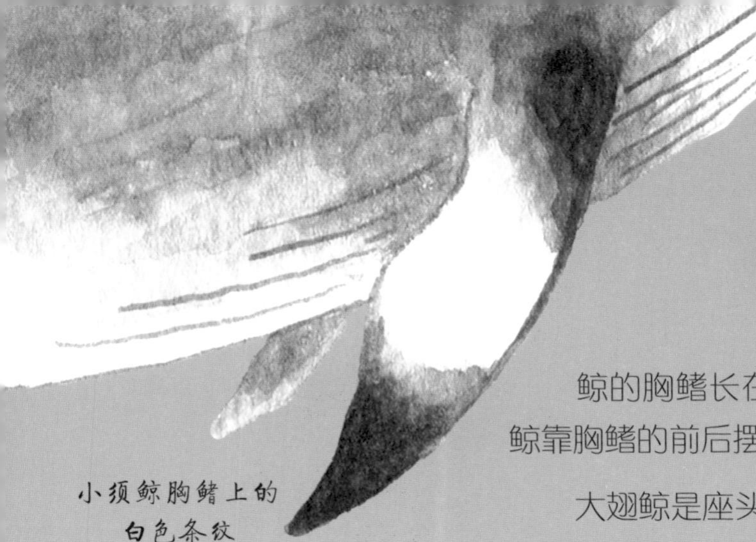

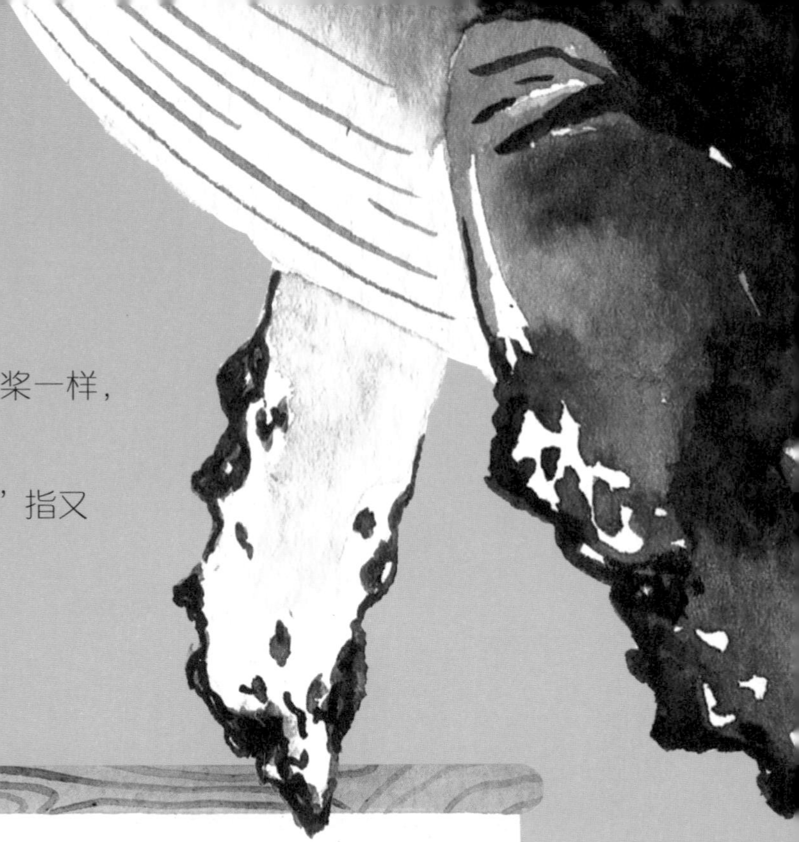

胸鳍

鲸的胸鳍长在身体的前端，像桨一样，鲸靠胸鳍的前后摆动在水中游动。

大翅鲸是座头鲸的别称，"大翅"指又长又大、形如翅膀的胸鳍。

小须鲸胸鳍上的白色条纹

背鳍

背鳍长在鲸的背上，可以保持身体平衡。

背鳍的大小、位置和形状各不相同。

圆形背鳍
赫氏矮海豚

三角形背鳍
抹香鲸、灰鲸

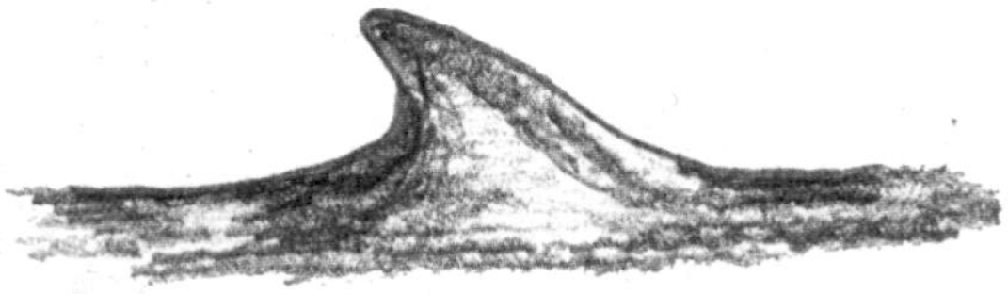

钩状背鳍
蓝鲸、
小须鲸和座头鲸

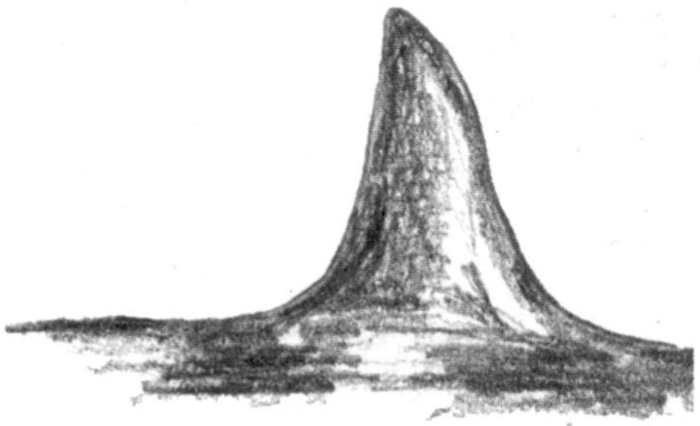

直立背鳍
虎鲸

蓝鲸

南露脊鲸

小须鲸

座头鲸

南露脊鲸和弓头鲸没有背鳍，这是环境作用的结果。它们在冷水中生活，这样可以减少热量损失。

尾鳍

和鱼类不同，鲸的尾鳍呈水平生长。这种尾鳍加上尾部强健的肌肉，可以使鲸飞快地游动，在长途跋涉中也有助于保持恒定的速度。

尾鳍形状各不相同，通过观察尾鳍就能区分不同的鲸。让我们来看看这些尾鳍。独角鲸的尾鳍看起来就像装反的桨叶。它陷入冰层时，可以向后倒退。

每头座头鲸的尾鳍形状都不相同！尾鳍下端的颜色，如同我们的指纹，都是独一无二的。

抹香鲸　　灰鲸　　虎鲸　　白鲸　　独角鲸

体长比较

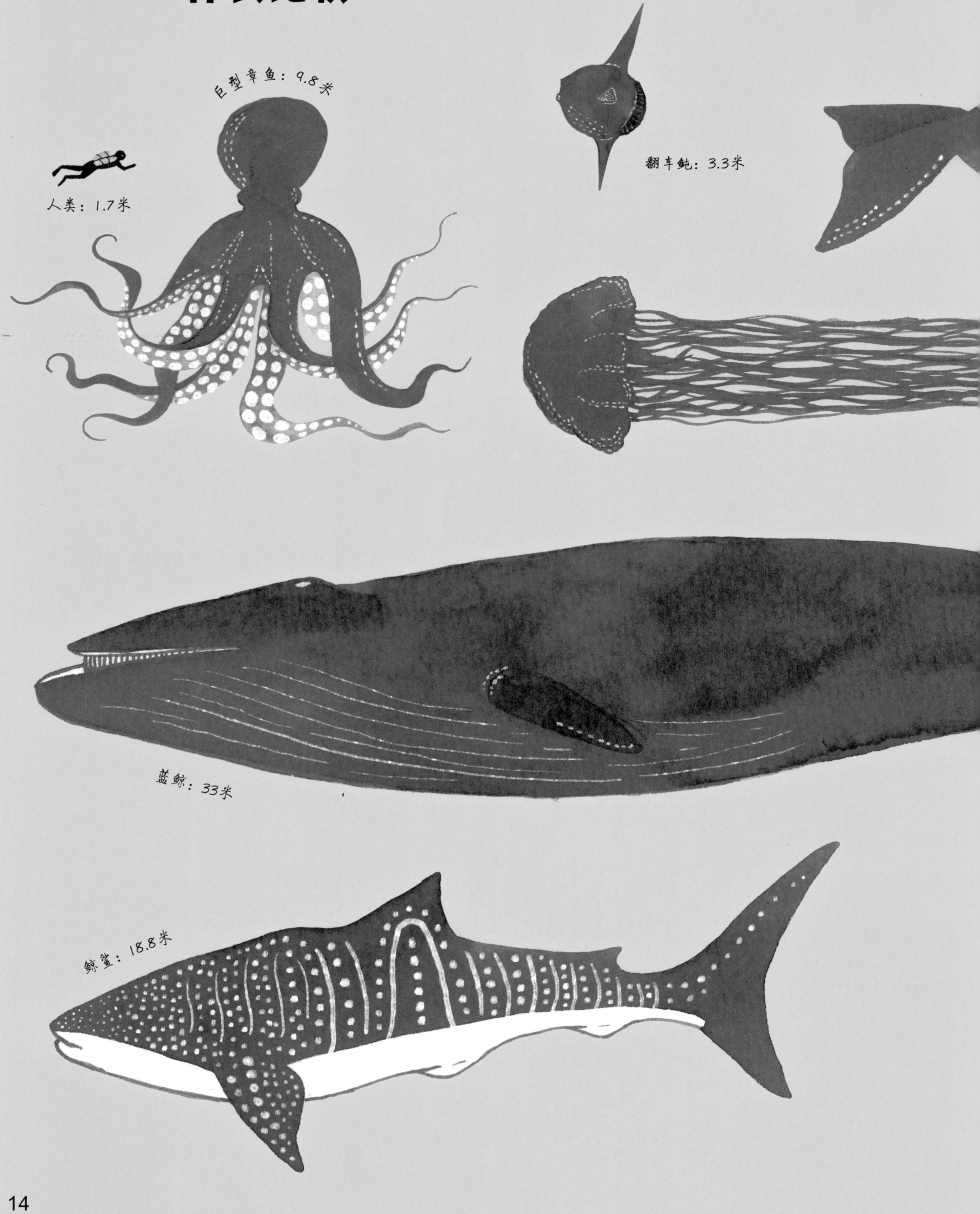

巨型章鱼：9.8米

翻车鲀：3.3米

人类：1.7米

蓝鲸：33米

鲸鲨：18.8米

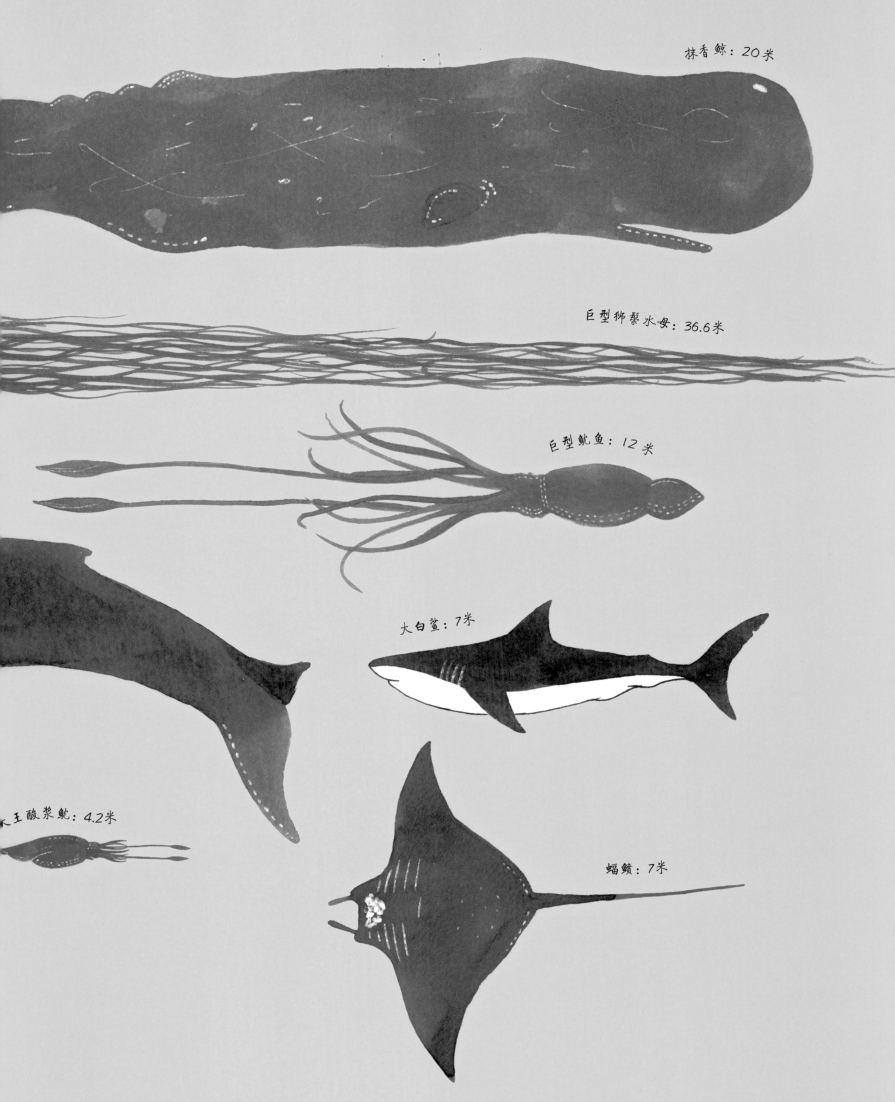

抹香鲸：20米

巨型狮鬃水母：36.6米

巨型鱿鱼：12米

大白鲨：7米

大王酸浆鱿：4.2米

蝠鲼：7米

15

行为方式

鲸大部分时间生活在水下，人类对它进行研究并非易事。因此，我们要了解鲸的行为趣事，研究它露出水面时的动作很关键。这些动作还有助于我们识别鲸行动背后的意图，帮助我们了解观鲸时应该看什么以及看它们的哪些部位。

尾鳍击水

鲸用尾鳍击打水面。

胸鳍击水

许多座头鲸在水面盘旋时，会用胸鳍连续数次拍击水面。

跃身击浪

鲸一跃而起，部分或全部身体露出水面时，溅起浪花，这是它在水面上最精彩的活动画面。

头部击水

头部击水就是鲸在整个头或半个身子伸出水面之后，头部重重落下，如同在用头部重击水面，之后它又重新潜入水中。

弯曲拱身

鲸将身体弯曲成弓形，露出背鳍，这表明它准备开始深潜。

喷气

你要想在海洋中发现鲸，寻找喷气是最佳方法之一。喷气是鲸在呼气（呼气之后紧接着吸气）。鲸呼气时在其头部上方会出现云雾般的水汽。

为什么鲸喷出的那团水汽如此清晰可见？可能是因为鲸喷出的气体遇冷凝结，也可能是因为它含有来自肺部的少量雾状黏液。

在水面休息

鲸漂浮在水面上静止不动且眼睛看着一个方向，表明它们在休息。

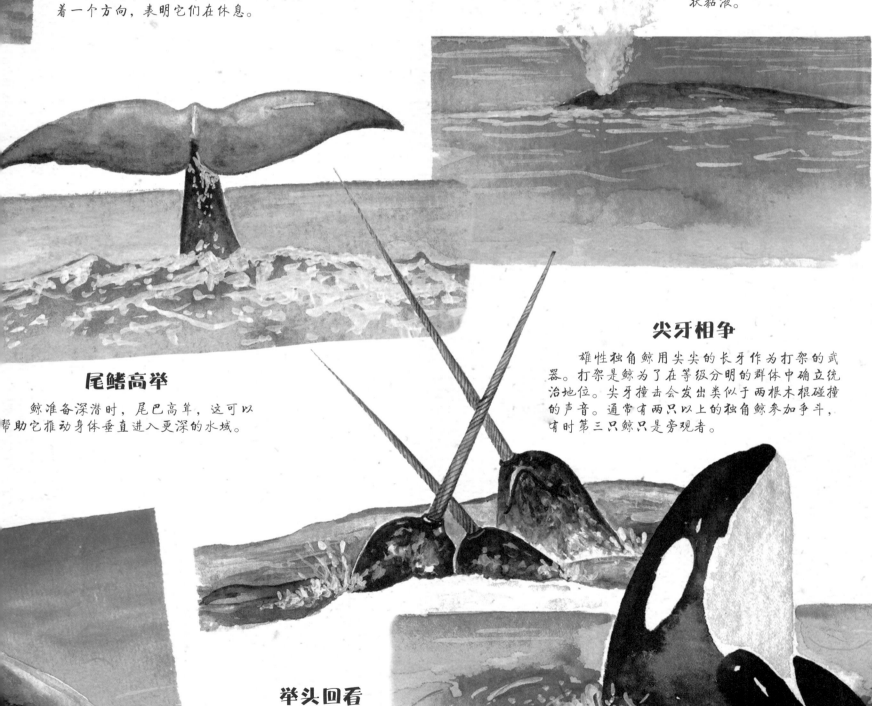

尾鳍高举

鲸准备深潜时，尾巴高举，这可以帮助它推动身体垂直进入更深的水域。

尖牙相争

雄性独角鲸用尖尖的长牙作为打架的武器。打架是鲸为了在等级分明的群体中确立统治地位。尖牙撞击会发出类似于两根木根碰撞的声音。通常有两只以上的独角鲸参加争斗，有时第三只鲸只是旁观者。

举头回看

鲸将头垂直伸出水面，转头看向四周，可能是在定位自己的迁徙路线。

17

　　南露脊鲸和灰鲸喷出气体的形状很有特点，都呈V形。

　　南露脊鲸喷出的气体更高、更宽，因为它的呼吸孔之间的距离更远。灰鲸喷出的气体更浓密，有时呈心形。

　　座头鲸喷出气体的形状和抹香鲸的类似，又密又大，但是更高、更直，可以高达3米。

　　抹香鲸只有一个侧呼吸孔，从里面喷出的气体非常神奇。气团的位置很低，但是很浓密，会向前面和左面射出。

喷气

蓝鲸喷出的细长状气体看起来很壮观，可以形成一股高达10米的垂直喷雾柱。

睡觉

　　鲸可能是睡眠最少的哺乳动物之一。抹香鲸每天只花大约7%的时间睡觉。为了方便呼吸，它们睡觉时总是贴近水面。最让人不可思议的是，抹香鲸是成群结队以直立姿势睡觉。当然，并非所有的鲸都像抹香鲸一样立着睡觉，绝大部分鲸还是以水平姿势睡觉。

　　鲸的肺比大多数动物的肺都要大得多，因此它在吸气时得到的空气也远远多于其他动物。每次吸气和呼气，交换的空气都会更多。鲸如果在睡觉时需要吸气，它会浮出水面，吸进空气，然后再下沉到原来的位置继续睡觉。

　　鲸在睡觉时只有一半的大脑在休息，另外一半还要用于防备掠食者、和其他鲸保持联系、操控调节呼吸和游动。

　　这一切看起来很复杂，不过鲸就是这样休息的。

潜水

当鲸贴近水面进行呼吸时，呼吸孔首先露出水面，喷出气体，然后连续吸入空气。

虎鲸在水下屏住呼吸，打开呼吸孔，慢慢呼气直至到达水面。虎鲸在静息状态下，呼吸频率是每5分钟3~7次。

抹香鲸在水下最多可以待2个小时，但是通常情况下抹香鲸5~10分钟就会换气。它是可以潜得最深的鲸类动物之一。

当鲸的背鳍露出水面时，倾斜的后背与海面形成一个角度。开始潜水时，它的背部会弯曲成弓形，尾鳍上升，慢慢在空中垂直。

鲸向深处潜水时，尾鳍先露出水面，之后尾鳍下侧也露了出来。这个动作表明，鲸将开始5~10分钟的深潜。

为了寻找鱿鱼，抹香鲸会潜入水下1000米深处。这些巨大的哺乳动物在潜水时需要屏住呼吸，持续时间可达40分钟。

目前人类挑战在水下屏息的最长时间可达20多分钟。

进食

须鲸通过颚部的鲸须过滤，可以在水中捕获大量的食物。它每天可以吃掉相当于自身体重大约4%的食物。

齿鲸使用回声定位来搜寻猎物，工作原理类似于声呐。它发出的声音会从猎物身上反弹回来，通过此功能它就可以获知猎物的大小、形状、距离和游动速度等信息。

虎鲸是大型食肉动物，以鱼、乌贼、海豹甚至其他鲸类为食。它用牙齿捕获猎物，可以不经咀嚼，就直接把猎物吞进肚子。

磷虾是长约3厘米的小型甲壳类动物，是蓝鲸最喜欢的食物。蓝鲸张着大嘴，一边向前游动，一边吞入充满磷虾的海水。

鱼群一旦浮到水面，成群的座头鲸就会向上一跃而起，一起进食。

鲸会吐出水泡迷惑猎物，还会通过声音互相协助来围住猎物。

座头鲸的"泡泡网"捕猎战术很出名。一头座头鲸会首先向一群小鱼吹出无数气泡，形成气泡网。

25

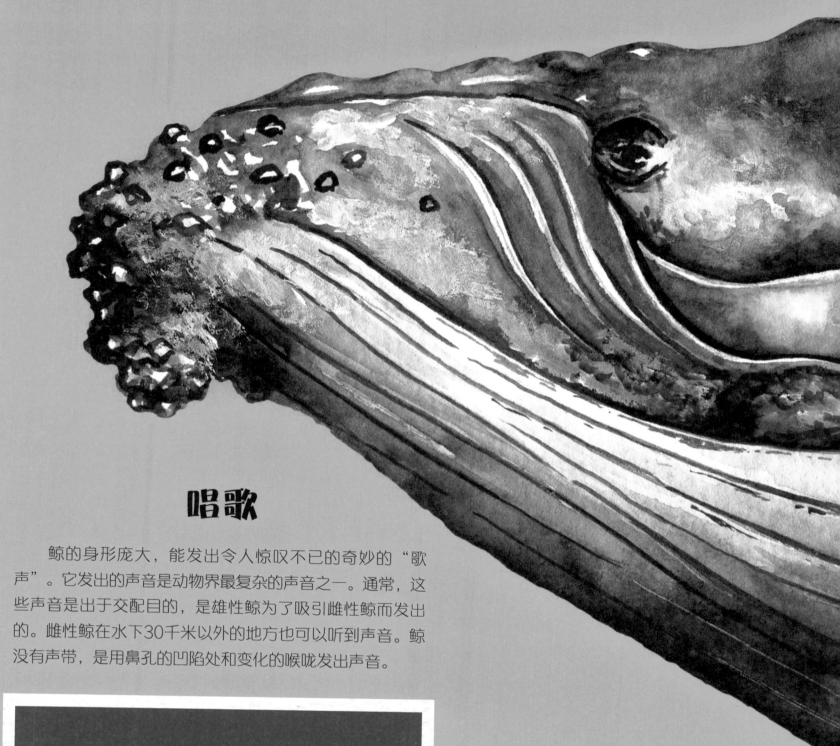

唱歌

　　鲸的身形庞大，能发出令人惊叹不已的奇妙的"歌声"。它发出的声音是动物界最复杂的声音之一。通常，这些声音是出于交配目的，是雄性鲸为了吸引雌性鲸而发出的。雌性鲸在水下30千米以外的地方也可以听到声音。鲸没有声带，是用鼻孔的凹陷处和变化的喉咙发出声音。

声波图

　　这真的是鲸的"歌声"声波图，太神奇了！捕获到鲸唱的歌可太不容易了。鲸的"歌声"有主题，也有不停重复的短句，可以持续6~35分钟。

生活方式

鲸的生活方式独特又极其复杂。

比如，虎鲸总是成群结队，被称为"海豹"队。因为它们之间有着紧密的社会联系，跟海豹一样。群居使它们能够一起狩猎、迁徙和进攻。

雌性白鲸

雄性虎鲸背鳍

雌性虎鲸背鳍

虎鲸

雄性和雌性虎鲸的外形不尽相同。雄性虎鲸的背鳍比雌性虎鲸的更大、更高、更尖。

独角鲸

雌性独角鲸没有尖牙，而有的雄性独角鲸甚至有两颗尖牙。独角鲸也倾向于集体生活，但总是性别相同的生活在一起（分为雄性鲸群或带着幼鲸的雌性鲸群）。独角鲸总是几十个群聚在一起游动几百千米。迁徙时，雌雄两性独角鲸分别组群，结队而行。当雄性独角鲸浮出水面呼吸时，会露出它的大尖牙。

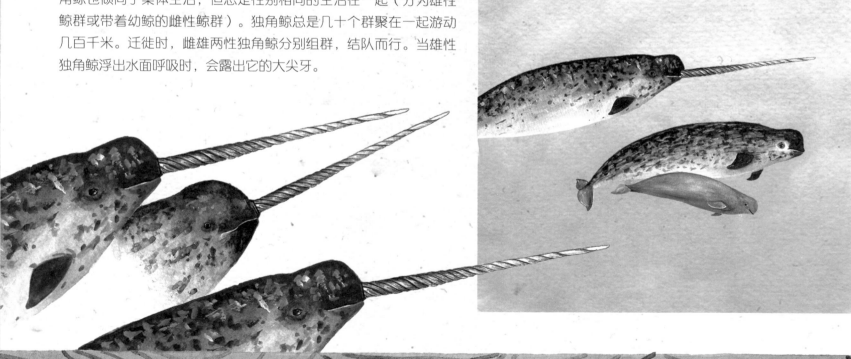

白鲸

白鲸身体的颜色会随着年龄的增长而发生改变，从出生时的板岩灰逐渐变为灰色、浅灰色、蓝白色，成年时则变成纯白色。

雄性白鲸的头部比雌性白鲸的更加突出，体型也更大，鲸鳍是弯曲的。

刚出生的白鲸宝宝

雄性白鲸

年轻的白鲸

哺乳

鲸是哺乳动物。雌性鲸通常一次生育一头鲸，幼鲸的尾巴最先露出来。鲸妈妈会给幼鲸哺乳，鲸的奶比陆地哺乳动物的奶品质更好，更有营养。

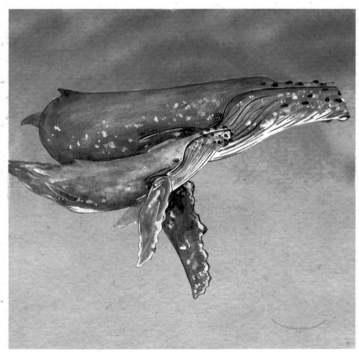

抹香鲸

雌性抹香鲸经常会把幼鲸留在水面，让其他雌性鲸保护它，而自己则潜入深海中去寻找食物。

座头鲸

座头鲸的怀孕时间为11个月，哺乳期为1年。在生命的前2个月里，幼鲸每天长大约3厘米。

骨骼

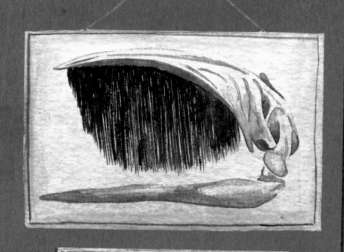

北露脊鲸带鲸须的侧头盖骨

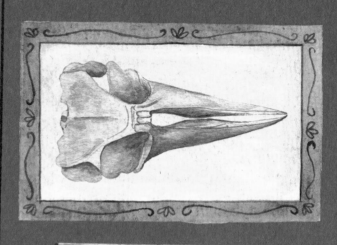

长须鲸头盖骨上部

蓝鲸头盖骨

小骨头周围是大量的肌肉和脂肪。这是当鲸还是四足动物行走在地球上时骨盆的遗存。

蓝鲸骨骼

　　蓝鲸的骨骼与其他鲸类没有太大区别，但尺寸巨大，重量惊人。根据蓝鲸的个头大小，骨骼重量可能在4~5吨，最引人注目的是它大而宽的头部。

存放抹香鲸脑油的方腔是其浮力调节器，可以容纳3~5吨脑油。

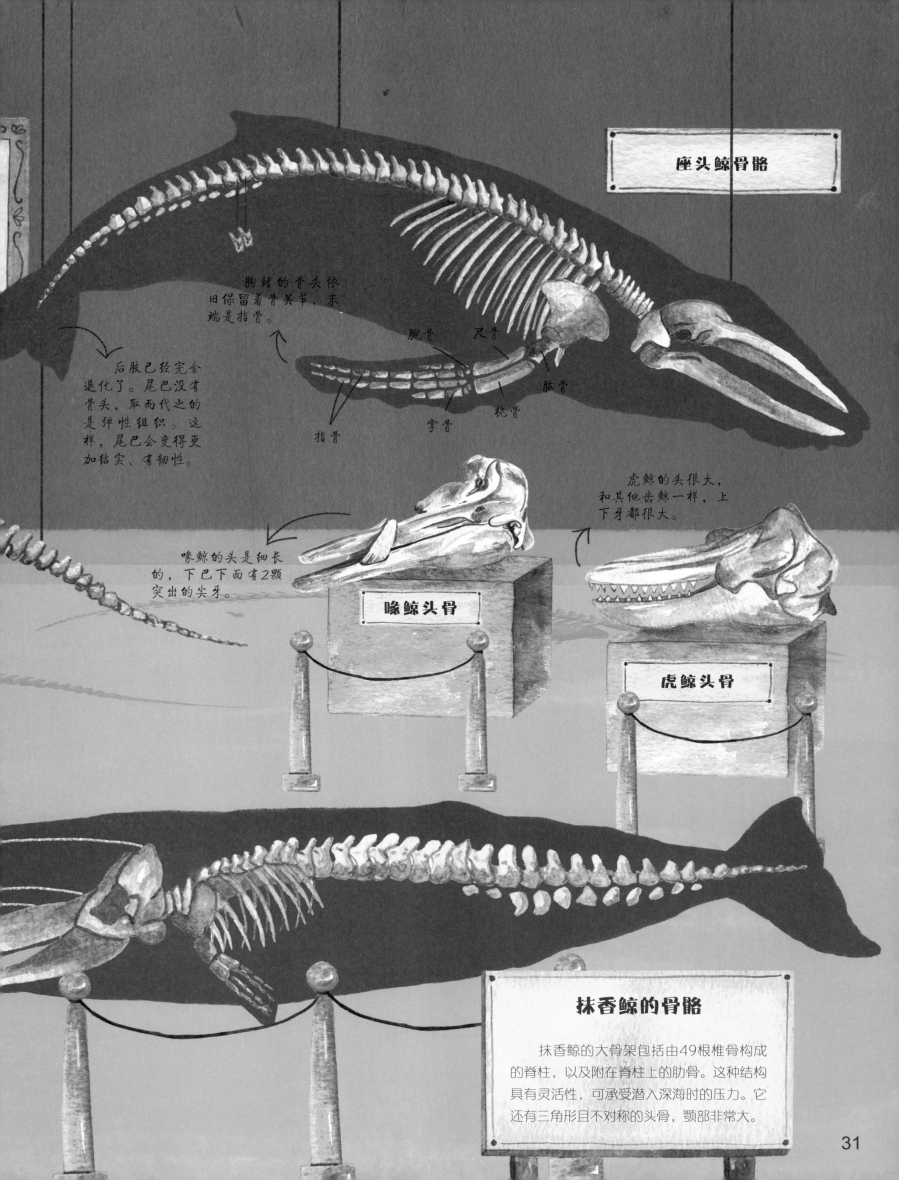

座头鲸骨骼

胸鳍的骨头依旧保留着骨关节，末端是指骨。

后肢已经完全退化了。尾巴没有骨头，取而代之的是弹性组织。这样，尾巴会变得更加结实、有韧性。

腕骨　尺骨

肱骨

指骨　掌骨　桡骨

喙鲸的头是细长的，下巴下面有2颗突出的尖牙。

虎鲸的头很大，和其他齿鲸一样，上下牙都很大。

喙鲸头骨

虎鲸头骨

抹香鲸的骨骼

抹香鲸的大骨架包括由49根椎骨构成的脊柱，以及附在脊柱上的肋骨。这种结构具有灵活性，可承受潜入深海时的压力。它还有三角形且不对称的头骨，颚部非常大。

搁浅

鲸在海滩被困时，会发出求救信号，这会引来大群想救助同伴的鲸。但是当海潮消退时，来施救的鲸也会在海滩上搁浅。领航鲸更容易被困在海滩上，因为当一头领航鲸遭遇搁浅，其他的领航鲸都会前来救援，但大多数情况下都会施救失败。

如果你在海滩上看到
搁浅的鲸怎么办？

1. 尽量不要碰它！

2. 通知警察。

3. 保持鲸的皮肤湿润。

大多数鲸会因为无法迅速返回水中
而被自身重量压迫致死！

遭遇危险

鲸的回声定位对它来说至关重要。但是，有些因素可能会妨碍它的定位。鲸经常犯的错误之一是在追逐猎物时，或遭遇捕食者试图逃离时，它会意外搁浅。有时，沙质细腻的海滩不能准确回弹它发出的信号，它便会搞不清楚状况，认为自己处在非常深的水中。在不熟悉的海滩上活动或遇到强烈风暴时，它有时也会犯错。

渔网

丢弃在海上的渔网会导致许多海洋生物被困在其中，无法动弹而被勒死或因伤而死。北大西洋的南露脊鲸经常会被渔网缠住而奄奄一息。

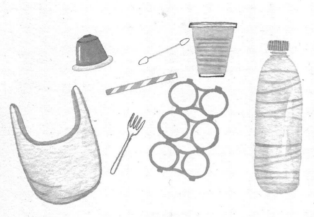

海洋垃圾

须鲸吞入浮游生物时，会吸入大量海水，也会误吞海水中的垃圾。海洋中的垃圾越来越多，垃圾甚至会堵住它的呼吸孔。

塑料污染

被扔入海中的大部分塑料不会被分解，而是变成小颗粒。塑料中的添加剂会造成海洋污染，它们不易降解。虽然肉眼看不到如此小的物质，但是它们永远也不会消失。

鲸脑油

　　鲸脑油是一种白色蜡状物质或发白的油脂，存在于抹香鲸的颅腔中。抹香鲸的额头上有储存鲸脑油的部位，其巨大的腔体是天生的浮力调节器，可以调节鲸身体的浮力。在潜入深海之前，冷水与腔体接触会使脑油固化。

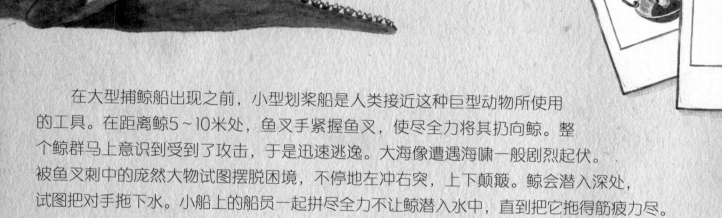

　　在大型捕鲸船出现之前，小型划桨船是人类接近这种巨型动物所使用的工具。在距离鲸5～10米处，鱼叉手紧握鱼叉，使尽全力将其扔向鲸。整个鲸群马上意识到受到了攻击，于是迅速逃逸。大海像遭遇海啸一般剧烈起伏。被鱼叉刺中的庞然大物试图摆脱困境，不停地左冲右突，上下颠簸。鲸会潜入深处，试图把对手拖下水。小船上的船员一起拼尽全力不让鲸潜入水中，直到把它拖得筋疲力尽。

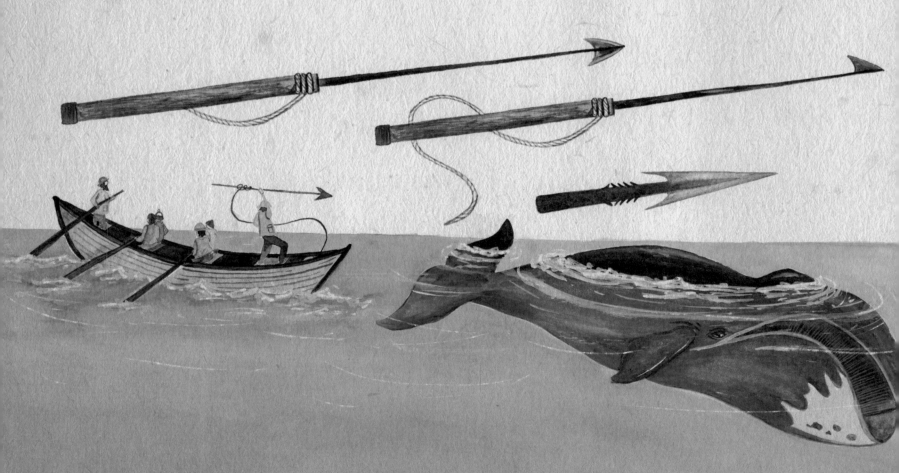

捕鲸业

捕鲸业由来已久，当人们知道可以从抹香鲸身上提取鲸脑油用于日常生活和工业生产后，全世界的大型捕鲸船捕猎了世界上超过半数的鲸。

当全球禁止捕鲸时，全世界将近四分之三的抹香鲸已被杀死，它们的数量大幅减少。

1986年，国际捕鲸委员会暂停商业捕鲸，以恢复鲸类种群数量。但是，某些国家仍然继续捕猎。

捕鲸业产品

- 鲸油：可用于工业和食品中。

- 鲸脑油：可用于生产化妆品和油性铅笔。

- 龙涎香：可作为香水定香剂，被认为是捕鲸业中最有价值的产品。

- 内分泌腺和肝脏：可用于生产药物、激素和维生素A。

- 鲸肉

今天，捕鲸活动仍在发生。日本的捕鲸业有很长时间的历史，现在他们还在继续捕鲸活动。这种行为受到保护海洋动物组织人士的强烈谴责。

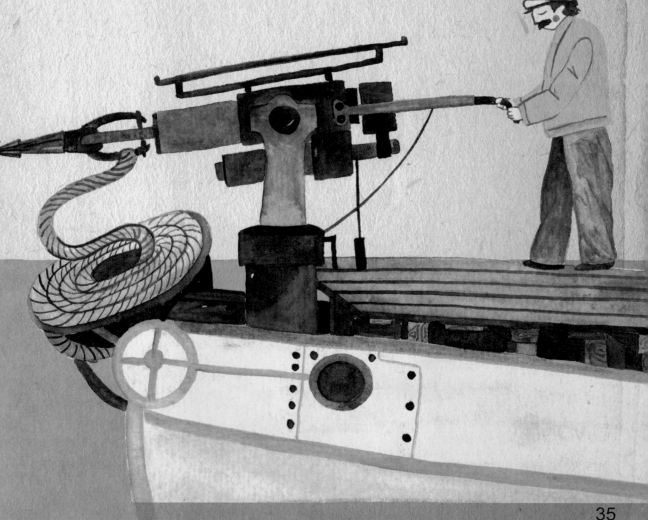

观赏鲸

如果我们想要观赏鲸，最好参团。在接近鲸时，我们要遵守安全规范，始终和鲸保持一定的距离，并减少可能给这些庞然大物带来的压力。

在大自然中观赏鲸是一种独特的体验，也是深入了解这些动物的最好方式之一。

耐心是观赏鲸的关键，但是也要掌握观察的方法，比如寻找鲸的喷气、浮出水面的鲸鳍、泛起的泡沫、以及观察海水的颜色变化等。

如果运气好，在世界上任何的海洋中都可以看到鲸。但是许多鲸往往仅在某些区域或在一年中的特定时间出现。

下面列举了最佳观赏鲸的地方：

- 冰岛胡萨维克
- 葡萄牙亚速尔群岛
- 阿根廷巴塔哥尼亚马德林港
- 墨西哥下加利福尼亚半岛
- 阿拉斯加冰川湾
- 南非赫曼努斯
- 澳大利亚赫维湾
- 哥斯达黎加鲸湾
- 加利福尼亚蒙特雷湾
- 西班牙加那利群岛

37

献给我的父母，感谢他们无尽的爱与支持。献给米卡，他让我爱上大海。感谢胡萨维克，它为我打开了通往鲸世界的大门。感谢莫斯基托出版社，让我梦想成真。

——雷娜·奥尔特加

感谢生命带来的所有变化，它们伴随我成长，给予我启迪：生活如同大海，运动不息，生命不止。

——米娅·卡萨尼

鸣谢

加利西亚水生生物及培育专家米卡尔·比达尔·马纳

爱丁堡大学鲸生物学家汤姆·格罗维

维哥大学海洋生物学家克里斯蒂娜·费尔南德斯·冈萨雷斯

冰岛胡萨维克鲸博物馆专家卡拉·瑟洛斯特·爱纳森

法国拉罗谢尔大学海洋生物学硕士生露西·凯斯勒

感谢冰岛胡萨维克鲸博物馆为本书提供极具价值的建议和观点，并修订了本书所有内容，
以帮助我们可以在全世界传播关于鲸的知识，并表达人类对它们的爱和尊重。

北京市版权局著作权合同登记号　图字：01-2020-6568

版权所有，侵权必究。举报：010-62782989，beiqinquan@tup.tsinghua.edu.cn。

图书在版编目（CIP）数据

鲸的博物馆：走近神秘莫测的海洋巨兽 /（西）雷娜·奥尔特加著；邵巍译. —北京：
清华大学出版社，2022.3
ISBN 978-7-302-59428-4

Ⅰ. ①鲸… Ⅱ. ①雷… ②邵… Ⅲ. ①鲸—儿童读物 Ⅳ. ①Q959.841-49

中国版本图书馆CIP数据核字（2021）第219035号

责任编辑：李益倩
封面设计：鞠一村
责任校对：王荣静
责任印制：杨　艳

出版发行：清华大学出版社
　　网　　址：http://www.tup.com.cn，http://www.wqbook.com
　　地　　址：北京清华大学学研大厦A座　　邮　　编：100084
　　社 总 机：010-62770175　　邮　　购：010-62786544
　　投稿与读者服务：010-62776969，c-service@tup.tsinghua.edu.cn
　　质量反馈：010-62772015，zhiliang@tup.tsinghua.edu.cn
印 装 者：当纳利（广东）印务有限公司
经　　销：全国新华书店
开　　本：250mm×320mm　　印　　张：6
版　　次：2022年3月第1版　　印　　次：2022年3月第1次印刷
定　　价：88.00元

产品编号：090725-01